意境匠心 | 鲁能集团酒店设计集锦

鲁能集团设计研发部　编

中国电力出版社
CHINA ELECTRIC POWER PRESS

主　编：孙　瑜

副主编：马小刚　宋　童　Marcus

参　编：邢　洁　席　雪　孙洪涛　李莎莎　周倩蓉　范博涵　李越晔　高宇航

图书在版编目（CIP）数据

意境·匠心：鲁能集团酒店设计集锦 / 鲁能集团设计研发部编. —
北京：中国电力出版社，2018.1
ISBN 978-7-5198-1668-1

Ⅰ.①意…　Ⅱ.①鲁…　Ⅲ.①饭店－建筑设计－中国－图集　Ⅳ.
① TU247.4

中国版本图书馆 CIP 数据核字（2017）第 325052 号

出版发行：中国电力出版社
地　　址：北京市东城区北京站西街19号（邮政编码100005）
网　　址：http://www.cepp.sgcc.com.cn
责任编辑：王　倩（邮箱：ian_w@163.com）
责任校对：太兴华　马　宁
装帧设计：锋尚设计
责任印制：杨晓东

印　　刷：北京雅昌艺术印刷有限公司
版　　次：2018年1月第一版
印　　次：2018年1月北京第一次印刷
开　　本：889毫米×1194毫米　12开本
印　　张：24.5
字　　数：500千字
定　　价：358.00元

It began some 44 years ago when I embarked on this long journey of hotel design.

Following in my parents' footsteps, I was eager to spend the rest of my life as an artist. After graduating from high school, I went to London to pursuit my 'dream' – a pilgrimage that lasted 13 years! During which time, my attitude towards Art as 'Art for art's sake' evolved into 'Art for life' or 'Art for living'. I decided to apply my art to everyday living, which started my pursuit of interior design, and I never looked back!

If 'Art for life' or 'Art for living' is to have any meaning, design has to arise from a specific need of an individual or a group of people. To achieve it, many things need to be considered: the personality and need of the person or the group of people (the client); the location of the project in term of cultural and historical context (the story); the building's architectural and interior design (the match).

Developers are critical facilitators of "Art for living", among which Luneng Group is of particular importance to us because of its highly organized group of companies, the many hotels projects in its pipeline, but most importantly because of its many highly trained and qualified individuals in charge of design related functions. Our life as one of its preferred interior design consultant is at once made easy and hard – easy because of the collective professionalism, hard because the demands are so high.

JW Marriott Qufu is an unique hotel that not only seeks to conform to the usual brand standards, but also aspires to be a landmark. With Qufu being the birth place of Confucius, our responsibility to portrait Confucianism is immense, especially when the hotel is located just next to the Confucius Temple! Our intention is to not replicate what is in Confucius Temple, but to translate the philosophy of Confucian into modern living. We strove to create a place where guests come to learn about Confucianism, while experiencing and appreciating the under-stated luxuriousness. Humility, etiquette, and refrain are the most important considerations in the design the hotel. Choices of material emphasize subtle colors and subdued textures. Honesty in design is the name of the game.

The Conrad Tianjin on the other hand is totally different from JW Marriott Qufu – it is ostentatious and grand. Its concept story harkens back to late 19th century and early 20th century, when the city experienced a strong influx of Western Culture. It was a place where 'East meets West', and frequented by the elites from Beijing. For its interior, we resorted to Art Décor design from the 1920s and 1930s to echo the building's architecture which is of 'European' style with a contemporary twist, and in order to set The Conrad Tianjin apart from competing hotels.

We believe the designs of JW Marriott Qufu and The Conrad Tianjin will attribute greatly to their success and become worthy additions to Luneng's outstanding collection of hotels. We are thankful for the opportunity to be part of the Team and fondly look forward to their opening in 2018!

LTW Designworks
2017 年 12 月

序二

中国人对居住、会友、出游等事非常注重和讲究文化性，大到皇家园林，小到院落民宅，均有其客观形成的文化理念和主观独具的精神内涵。这也是 CCD 香港郑中设计事务所与鲁能集团携手匠造一系列高端作品中唯"意境"不能替代的原初。

遵循与欣赏鲁能集团绿色地产的品牌理念，无论度假还是生活、无论旅居还是定居，CCD 希望每一个设计作品均能成为倡导"天人合一"生命理想的开端。通过"东方情怀 + 现代设计"的演绎，力求结合每一项目，在地域特色与 CCD "东意西境"的设计理念中，为客群创新营造东方养心之境。

CCD 有幸参与过多个鲁能集团开发项目。鲁能集团是一个把控进度节点非常高效与严谨的开发商，鲁能集团设计团队始终亲力亲为，这一点也和 CCD 的风格十分契合。CCD 对每一个鲁能项目都给予高度关注和重视，在与鲁能的合作中收获良多。希望每一部天赐美景的设计作品，均能引领我们追寻生活之美的更高层次，愿与鲁能集团携手打造更多瑰宝之作。

CCD 香港郑中设计事务所
2017 年 12 月

目录

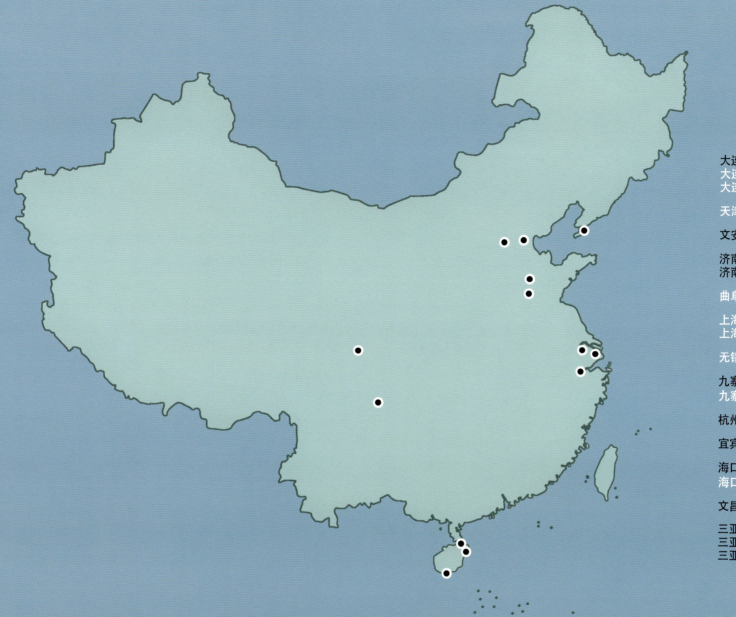

大连温泉酒店
大连希尔顿酒店
大连四季酒店

天津康莱德酒店

文安希尔顿酒店

济南希尔顿酒店
济南贵和洲际酒店

曲阜 JW 万豪酒店

上海艾迪逊酒店
上海 JW 万豪酒店

无锡万豪酒店

九寨希尔顿酒店
九寨丽思卡尔顿酒店

杭州千岛湖酒店

宜宾皇冠假日酒店

海口希尔顿酒店
海口华美达广场酒店

文昌希尔顿酒店

三亚山海天大酒店 傲途阁精选
三亚山海天万豪酒店 东翼楼
三亚山海天万豪酒店 西翼楼

三亚山海天大酒店 傲途格精选

三亚山海天万豪酒店 东翼楼

三亚山海天万豪酒店 西翼楼

文昌希尔顿酒店

海口希尔顿酒店

宜宾皇冠假日酒店

济南希尔顿酒店

济南贵和洲际酒店

文安希尔顿酒店

九寨希尔顿酒店

杭州千岛湖酒店

大连温泉酒店

项目篇

三亚　文昌　海口　宜宾　济南　文安　九寨　杭州　大连

三亚山海天大酒店
傲途格精选

用地面积	13518m^2
建筑面积	51601m^2
设计时间	2014 年
开业时间	2017 年 3 月
建筑设计	新加坡 WOW
室内设计	泰国 P49
景观设计	美国 AECOM

三亚山海天大酒店·傲途格精选为山海天酒店
3 期。项目用地东临大东海海岸线，西、南与鹿回头
猕猴保护区相接，靠山面海，为稀缺一线滨海用地。

建筑

建筑由业内盛名的新加坡 WOW 事务所设计，整
体采用突出建筑的横竖线条，带有强烈的迈阿密
风，并将当地景观元素巧妙融合，打造出迷人、独
特且前卫的设计。

景观

景观风格与 1 期、2 期不同，更突显年轻、时尚、前卫、个性和活力。室外泳池的景观设计灵感来源于海浪流线与水滴涟漪的形状，使其贯穿于铺装及构筑物中，与建筑呼应。泳池周边错落布置了许多空间，如按摩池、无边水池、沙池、草坪等，以寻求与泳池动静结合的效果，在满足宾客多种需求的同时，给予其不同寻常的体验。

	2	1. 三层泳池
1		2. 室外泳池
	3	3. 室外泳池

室内

室内由曼谷著名设计事务所 P49 Design & Associates 设计，设计师以海浪鲜明的节奏和海水含蓄的韵律为灵感，将海的元素巧妙地融入到公共区域的设计之中。酒店大堂中心的动态投影墙与大堂的色彩相得益彰，或投射出潺潺流水和流动影像，使整体空间充满海洋般的动感韵律；或播放时尚大片，将 T 台大秀搬入酒店，为客人的光临增添一番别样的时尚味道。

1	2

1. 大堂
2. 大堂接待区

同理，室内艺术品也是受海的启发。所有艺术品均采用现代元素，部分则增添了趣味性。借鉴海底生物的纹理，打造出引人注目的艺术品。用它来增强原本室内柔和色调中的平静感。

1	2

1. 泳池吧
2. 大堂旋转楼梯

酒店室内设计部分，将两种不同的理念进行融合，打造出属于山海天酒店独一无二的风格。酒店建筑设计拟应用了海水水滴飞溅或海水冲击沙滩所形成的多样形态样式效果。最关键的是，室外设计的金属屏巧妙地捕捉住了阳光照射在水面的反射效果。另一启发室内设计的因素是其品牌定位："享受现代摩登时尚的度假，风格与生俱来，度假的魅力从未如此倾心。"基于以上两种理念，针对所有公区部分，将建筑的设计概念延续到了室内空间，以实现无缝衔接。

1	2	3
	4	5

1. 全日餐厅
2. 中餐厅
3. 中餐厅
4. 中餐厅
5. 全日餐厅

1		
	3	1. 会议室
2		2. 宴会厅
		3. 宴会厅

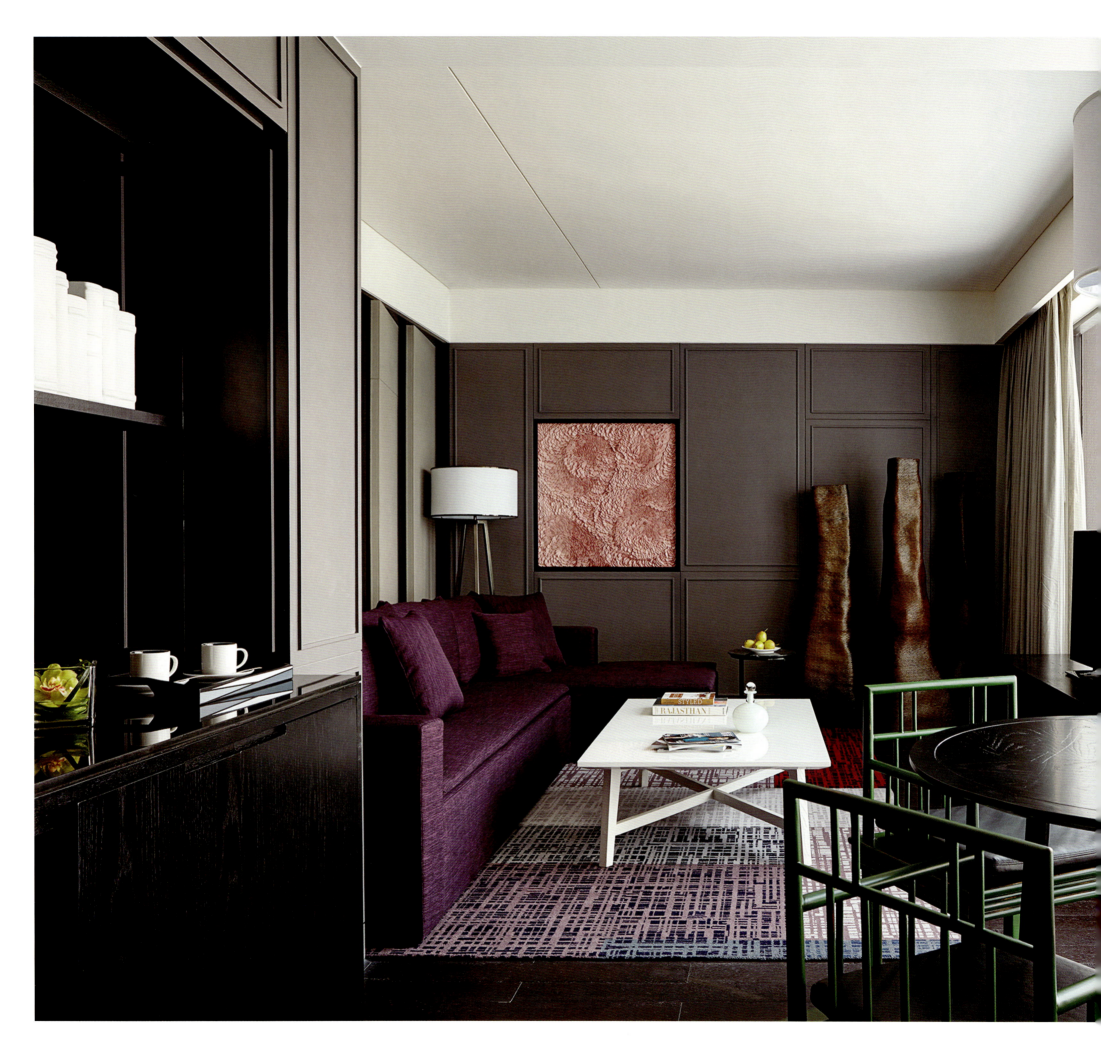

客房设计则更倾向于烘托出酒店品牌定位——时尚。因此，室内受世界著名时装设计师使用的色系激发，将客房部分采用了 4 款不同的色调，但是设计主元素在所有客房里是统一的。典雅（灵感源自意大利时装设计师），精美（灵感源自英国时装设计师），时髦（灵感源自法国设计师），经典（灵感源自美国时装设计师）。

1	2

1. 精美套房
2. 精美大床房

| 1 | 2 |

1. 总统套房
2. 总统套房

奢华典雅的客房以高端时尚为灵感，绝无仅有地荟萃意式优雅、法式时尚、英式华丽和美式经典四款鲜明风格。八种不同房型也在舒适度和度假感上做足了功夫，借鉴当地著名设计师们常用的独特色调，彰显四大设计之都的划时代美学。

	2
1	3

1. 典雅套房
2. 典雅套房
3. 时髦拐角房

浴室设计采用的同一手法，但是我们为每个房间设计了马赛克背景墙，运用不同的色系及图案以匹配不同色系的客房。如此，房间变得不拘一格，让客人入住不同色系的房间时有不同的体会和感受。

1	2

1. 典雅房
2. 总统套房

	2	1. 经典房
1		2. 时髦房
	3	3. 典雅房

三亚山海天万豪酒店
东翼楼

用地面积	7110m²
建筑面积	38142m²
设计时间	2008 年
开业时间	2014 年 12 月
建筑设计	美国 AECOM
室内设计	美国 HBA
景观设计	美国 AECOM

———

山海天万豪酒店东翼楼为山海天酒店 2 期。项目位
于三亚市大东海旅游风景区海韵南路，依托依山傍
海的生态景观优势，以吉祥文化为主题，成为集政
商交际、高端度假、居住养生群体的一方福地，为
事业和财富高端成功人士定制独享的私密、高雅、
尊贵空间。酒店共设有 219 间宽敞舒适的客房及套
间，拥有万豪国内第一家 Goji 餐厅，酒店会议设施
设备齐全，包括宴会厅、多功能厅、会议区域，面
积达 4000m²，还拥有 1000m² 的海滨草坪、婚礼
堂，酒店 2 期建成后与酒店 1 期统一为万豪品牌进
行经营。

———

建筑

建筑由世界 500 强之一 AECOM 设计，项目采用
简洁横线条，突出海洋水主题，在简单线条上做微
变化，形成规律而丰富的水纹韵律，建筑色彩主要
为白色，与原生态木色结合，形成别具风格的热带
海洋建筑风格。

室内

室内由享誉国际的室内设计公司 HBA 设计。设计师用白色和原木色为主色，辅以天蓝色、奶白色、翠绿色点缀，创造出宁静安谧的空间体验。明亮开阔的落地窗和宽阔的阳台将波光粼粼的海洋、郁郁葱葱的山川、繁星遍布的夜空和大东海湾迷人的日出美景尽收眼底。在瀑布水景、室内花园和玉雕的点缀下，令客人们流连忘返。

<table>
<tr><td rowspan="2">1</td><td>2</td><td rowspan="2">4</td></tr>
<tr><td>3</td></tr>
</table>

1. 团体大堂接待区
2. 团体大堂
3. 电梯前厅
4. 大堂旋转楼梯

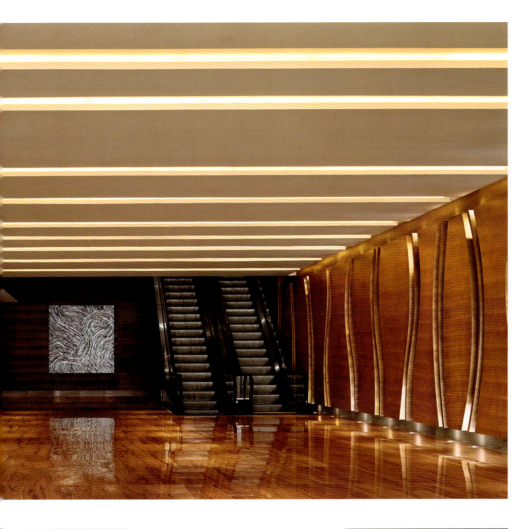

1		3
2		

1. 会议前厅
2. 商务中心
3. 户外大堂吧

三亚是个沿海城市，孕育着沙滩和碧绿的海水。这座城市位于郁郁葱葱的热带丘陵和一片神秘的海床之间。对于室内设计的目标是使用这个地区独一无二的颜色及有机形态的神秘感，创造一个被海洋环绕的氛围。

	2	1. Goji 特色餐厅
1		2. Goji 特色餐厅
	3	3. Goji 特色餐厅

| 1 | 2 |

1. Goji 特色餐厅
2. 商务中心会议室

项目篇｜三亚山海天万豪酒店 东翼楼

	2	1. 宴会厅
1		2. 宴会厅
	3	3. 会议室

1	2

1. 董事会议室
2. 董事会议室

此片区的设计概念以海岸线的热带雨林、天然生物、温泉及神秘的山洞为来源。这不仅仅是海上的漫步，更是体验了一场颜色、形态以及功能组成的旅行。

	2	1. 儿童俱乐部
1		2. 儿童俱乐部
	3	3. 儿童俱乐部

1	2

1. 套房
2. 套房

1
2
3

1. 套房
2. 海景大床房
3. 海景大床房

| 1 | 2 |

1. 总统套房
2. 海景双床房

三亚山海天万豪酒店
西翼楼

用地面积	21851m²
建筑面积	46259m²
设计时间	2013 年
开业时间	2016 年 5 月
建筑设计	美国 AECOM
室内设计	美国 HBA
景观设计	美国 AECOM

———

三亚山海天万豪酒店西翼楼为山海天酒店 1 期，老
山海天酒店于 1998 年投入运营，原客房 220 间，
但功能已经无法满足酒店运营需要，于 2014 年对
酒店 1 期进行改造，2016 年 5 月改造完成并顺利
开业。改造完成后与山海天酒店 2 期统一为万豪品
牌进行经营。共有客房 160 间，建筑及室内风格与
2 期一致。

———

景观

设计师以无边泳池、家庭泳池、儿童泳池、泳池吧、多功能草坪等功能为核心，配置了多样的活动空间以满足宾客的各种需求。大平台及镜面水池为宾客提供了室内公共休憩空间，位于中心轴上的叠水瀑布墙从听觉及视觉上给予人强烈的冲击力和震撼力。

	2	1. 婚宴亭
1		2. 草坪婚宴
	3	3. 建筑外观

建筑

建筑由世界 500 强企业 AECOM 设计。设计风格与山海天酒店 2 期一致，设计灵感来源于光线的运动和不同元素在"边缘"相交的景象。低层建筑的设计灵感源自海洋的深邃，好似神秘而充满活力的海洋生物或是珊瑚和海底地形所呈现的轮廓线。站在高处时，建筑呈现出海洋地形的形态。而塔楼部分的设计灵感则来自大气、天空和云朵。

室内

室内由享誉国际的室内设计公司 HBA 设计，设计师用白色和自然木色为宾客带来宁静安谧之感，同时用天蓝、奶白和翠绿色加以点缀。明亮开阔的落地窗和宽阔的私家阳台将波光粼粼的海洋、郁郁葱葱的山川、繁星布满的夜空和大东海湾迷人的日出美景尽收眼底。

1	3
2	

1. 大堂接待区
2. 多功能厅前厅
3. 大堂

客人首先会进入共享大堂——这一独特的空间将酒店的东西翼连结在一起，为酒店的1期和2期服务，同时也体现了各种元素和谐交融的设计理念，让客人流畅地过渡到这个迤逦奇幻的世界。

	2	1. 行政酒廊
1	---	2. 行政酒廊
	3	3. 大堂吧

Smoki Moto 是一家喧闹的韩国烧烤和日本铁板烧餐厅，带有现代大都会的感觉。深色材料和不锈钢饰面的组合，让人感受到一种不失精巧的工业感。入口处设有一个大型的乾式熟成牛肉烘干室，以及带有展示地窖的著名烧酒酒吧。用机器微弱的嗡嗡声与巧妙的灯光布置营造出一种温馨的用餐体验。

1	3
2	

1. 特色餐厅
2. 特色餐厅
3. 中餐厅

中餐厅——万豪餐馆是一家高档的山东特色餐厅。餐厅使用喧闹、丰富的色彩和细节饱满的材料，为客人打造出热情洋溢的空间。

| 1 | 2 |

1. 多功能厅
2. 中餐厅包房

中餐厅包房拥有大角度观景面，金色和酒红色为主的地毯给空间增添了华贵的色彩，照明融合了自然光和人工照明，营造出典雅温馨的室内效果。

	2
1	
	3

1. 套房
2. 套房
3. 套房

1	2	1. 标准房
		2. 套房

	2
1	
	3

1. 总统套房
2. 海景大床房
3. 总统套房

| 1 | 2 |

1. 山景大床房
2. 山景大床房

文昌希尔顿酒店

用地面积	118671m²
建筑面积	85356m²
设计时间	2010 年
开业时间	2015 年 9 月
建筑设计	新加坡 WOW
室内设计	美国 HBA
景观设计	香港 HOK

文昌希尔顿酒店位于海南省东北部风景秀丽的淇水湾内，碧海蓝天、细浪白沙，在酒店内便可一览壮丽的南海景观。酒店距离文昌卫星发射中心仅 3km，宾客有机会在酒店房间内见证火箭升空的精彩瞬间。酒店拥有 435 间豪华客房、套房和别墅，均配备私人露台，直面迷人海景。酒店拥有 5 个风格别致的餐厅和酒吧，配备 1500m² 灵活会议和宴会设施，最大会议室面积约 800m²。酒店提供室外游泳池和设备齐全的 24 小时健身中心，家庭出游的宾客可以尽享儿童游乐场和家庭娱乐室。

景观

景观设计以通向主酒店的南北向道路及其通向海边的延长线为主轴线，形成前广场
景观、建筑景观及绿地景观三个区域，层层递进向海边延伸。

1	2

1. 建筑外观
2. 建筑外观

建筑

文昌希尔顿酒店的建筑设计体现了纯正的中华海南文化及东南亚文化。建筑与规划设计中注重创造更富人性、具有海南特色的多功能的活动空间，并将一些消极空间转化为积极空间。布局采用顺应地形地貌的设计方法，尤其重视创造底层架空空间，促进通风，提供室外遮阳空间。同时覆盖 250 米的文昌海滩，给宾客良好的放松和娱乐体验。

1	2

1. 建筑外观
2. 建筑外观

室内

此酒店的独特点在其尺度感和亲密感。特别是大堂的尺度感，设计师将那里的空间用优雅的方式夸张化，不经意就引导了宾客的视线，环境结合周围的景色一同带来震撼的效果。设计师希望在本土材料最真实、最本色的状态下表现出它们的美与独特。秉持要用最美的方式表达材料，而不是美好的材料却用了不恰当的手段表达。这个设计里的每种材料都扮演着自己的最佳角色，使其带给宾客的情感感受和视觉冲击一样强烈。

1	2

1. 大堂
2. 大堂

1　　1.大堂

酒店的设计理念衍生于一个令人遐想的文昌故事,给以人们一段将悠久历史融入再造的精致而不乏趣味的体验。

| 1 | 2 |

1. 中餐厅
2. 全日餐厅

	2
1	
	3

1. 全日餐厅
2. 行政酒廊
3. 大堂吧

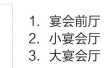

1. 宴会前厅
2. 小宴会厅
3. 大宴会厅

Hilton
WENCHANG
文昌鲁能希尔顿酒店

设计讲述的是与本土文化和海息息相关的岁月过往，是一双双手如何将文化精巧的
制造成一件件工艺品，是一个依赖于海而繁衍的栖息地的日渐形成。

1	2

1. 逸海居双卧别墅
2. 逸海居双卧别墅

1. 草坪婚宴
2. 水疗中心
3. 家庭娱乐室

这一双手，如今只是敲打着普通键盘，或者触摸着普通的屏幕，而那同样一双手却
在也祈祷着他们的手工技艺和文化不要消失。

1. 豪华海景套房
2. 总统套房

1	3
2	

1. 逸海居双卧别墅
2. 豪华海景套房
3. 逸海居双卧别墅

1. 总统套房
2. 行政海景房

1	2

人类的天性让我们想要追寻和珍藏我们的根源，但我们却在毫不知情的情况下背道而驰。我们的设计想要融合当地传统文化与现代度假理念，来获得海洋、陆地、传统以及当代之间的平衡。文昌希尔顿酒店表达的哲学观是立足于它所在的环境，是此时此地。

海口希尔顿酒店

用地面积	63182m²
建筑面积	78377m²
设计时间	2010 年
开业时间	2014 年 10 月
建筑设计	美国 KXA
室内设计	美国 HBA
景观设计	美国 AECOM

———

海口希尔顿酒店位于海口市东北部风光秀丽的东海岸，北邻琼州海峡，交通便捷，可快速直达市区、机场、东环高铁站、火车站、汽车站、秀英港和周边著名旅游胜地等。基地占地 6.58 公顷。酒店由客房和会议中心组成。建筑主体区的一、二层为裙楼部分，左翼和中间部分以酒店配套服务功能为主，二层兼有部分客房。右翼以会议中心为主，三至八层为主要客房层，九层设置为总统套间、行政酒廊和行政套间。

———

景观

结合北侧 5.22 公顷的原生海防林带保护及改造，景观设计以打造"典雅、专属、闲逸"的度假环境作为设计目标，结合酒店的开放空间、户外设施和主题泳池，融合建筑设计元素，以及海南独特的地域文化，呈现出"轴线、宏伟、优雅"的整体效果。

1	2

1. 建筑外观
2. 建筑外观

建筑

酒店呈翼形展开，向海边延伸，有利于客房观海面的最大化。酒店的主入口设在南侧，大堂与室外的天际水池和大海形成震撼的视觉景观轴线，尽享无限海景。建筑造型舒展流畅，体形变化丰富，与大海的节奏相呼应。

室内

设计灵感来源于海南椰林沙白的当地自然风光,将从自然中提炼的图案和线条进行解读后运用到设计之中,从而营造出宏伟又温馨舒适的空间。将建筑的经典形式贯穿于整个室内设计过程之中,并通过定制的细节元素来展现现代风格。

1	2

1. 落客区
2. 大堂

在大堂吧内，客人可以饱览开阔海景，尽享休闲放松时刻。全日餐厅的内部空间设计受到海洋的色调和纹理的影响，再搭配活力感的蓝色，沙质的浅褐色，做旧的木料，营造出活力的氛围。

1	2

1. 大堂吧
2. 棕榈屋

中餐厅 SEA，设计灵感取自壮美海景和露天渔村。暖色的粗糙木料和暖色的砖砌墙以呈现室内建筑元素。中式元素贯穿于空间中的建筑细部、艺术品和工艺品。

1. 商务中心
2. 行政酒廊
3. 全日餐厅

中餐厅 SEA 的设计灵感取自壮美海景和露天渔村，暖色的粗糙木料和暖色的砖砌墙来呈现室内建筑元素，精细的中式元素贯穿于空间中的建筑细部、纹理、艺术品和工艺品。

特色餐厅 NoDu 为面条饺子馆，是一个现代暖色有机的特色空间。面条吧为开放式厨房展示，客人可随时欣赏到厨师烹饪的过程场景。

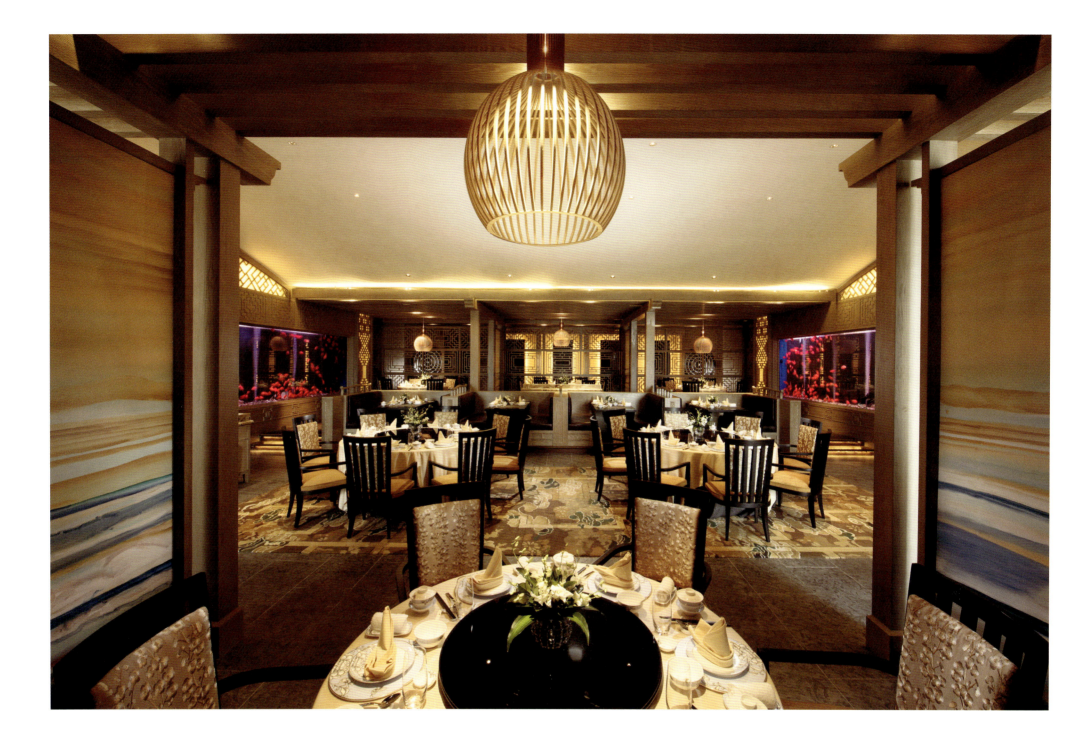

1. 特色餐厅
2. 中餐厅

| 1 | 2 |

1. 宴会厅——西式婚宴
2. 宴会厅——中式婚宴

1	3
2	

1. 宴会厅前厅
2. 董事会议室
3. 宴会厅——会议

海岸线一侧的主题泳池与多功能草坪轴线层层串联。两侧亚热带风情树林茂盛，在浓厚的防风林和茂密林带的背景衬托下，是富有欧陆情调的模纹剪形图案和方正的活动空间。草地平整成方块状，与抵达区构成风格上的呼应。往后穿越沙滩与防风林，延伸至天空与海洋的边际，整体创造与自然和谐交织的度假环境。

| 1 | 2 |

1. 草坪婚宴
2. 室外泳池

1	2	1. 水疗中心双床房
	3	2. 水疗中心前台
		3. 健身房

客房中展现出不同的体验，以休闲雅致、出乎意料的舒适感，以及独出心裁的细节，来营造出与众不同的现代设计感。

1. 套房
2. 大床房

	2
1	3

1. 总统套房
2. 总统套房
3. 总统套房

宜宾皇冠假日酒店

用地面积	14000m²
建筑面积	44000m²
设计时间	2012 年
开业时间	2015 年 9 月
建筑设计	中国建筑设计技术研究院
室内设计	香港 CCD
景观设计	深圳 CCS

宜宾皇冠假日酒店位于宜宾市南岸西区，接邻城市一级主干道金沙江大道，北靠财富中心商业综合体，南邻睦邻路。

景观

景观沿街界面长达 170m，首层东西两侧分别为地面停车场和地库出入口。为保障酒店私密性，故在中间位置设置酒店主入口，两端采用绿化隔离做密闭处理。酒店 6 层为屋顶花园，根据能需求设置了休闲娱乐模式和庆典模式。设计充分利用了塔楼高度产生的观景优势，使得所有客房都具有良好视觉的观景感受。

1	2

1．屋顶花园景观长廊
2．建筑外观

建筑

酒店的建筑整体设计注重酒店效益与效率的高效结合，建筑的形态与场地特征相吻合，与"竹"元素相融合。建筑立面采取理性严谨的设计手法，通过分析新建酒店建筑与周边建筑及底层商业的比例关系，对酒店建筑形体进行的有机切割，使酒店建筑与商业建筑融为一体凸显酒店现代理性的设计特点，又与周边环境融为一体。立面上的竖线条区别与周围住宅，更突出横线条的设计，由两种理性的表皮交织组成，富有时代感，整体形象大气稳重，给人以浑然天成的感觉。

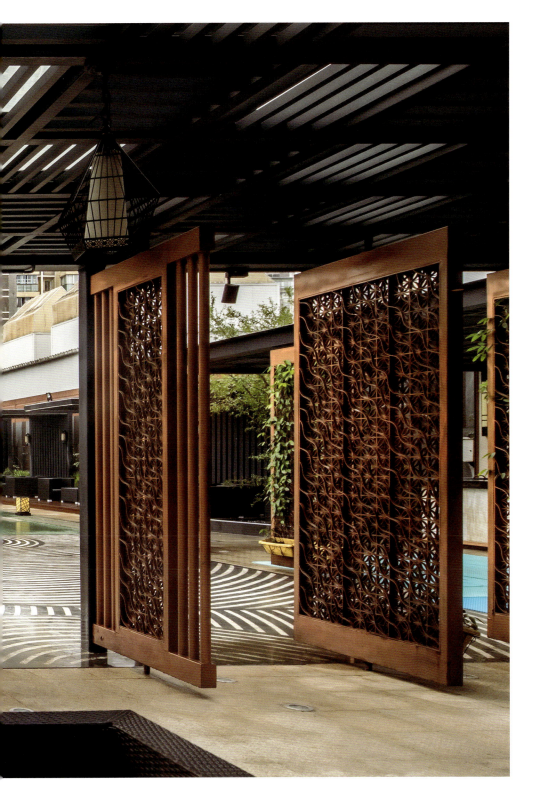

室内

室内设计借助当地美景特色蜀南竹海及长江的元素，打造现代商务富有创意能量的
时尚酒店。整体设计利用流动线条结合建筑立面及景观特色元素打造出气势磅礴的
气质。

1	2	3

1. 电梯前厅
2. 行政酒廊
3. 行政酒廊

| 1 | | 3 |
| 2 | | |

1. VIP 包房
2. VIP 包房
3. 全日餐厅

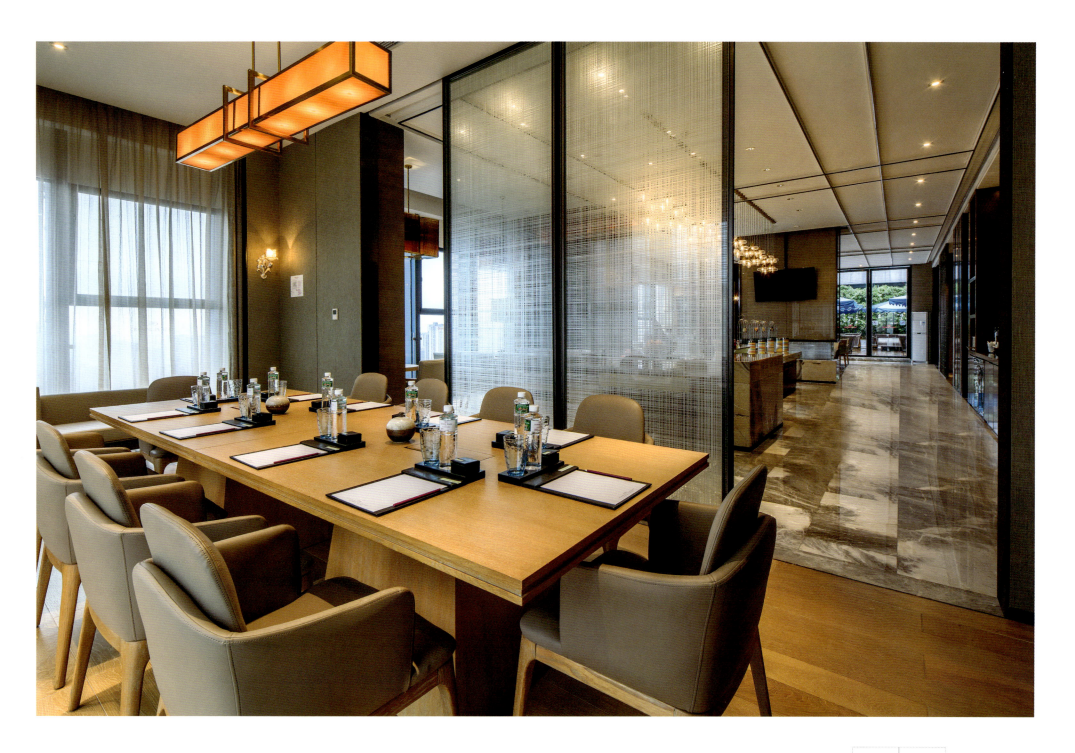

项目篇 | 宜宾皇冠假日酒店

| 1 | 2 | 1. 行政酒廊 |
| | | 2. 行政酒廊 |

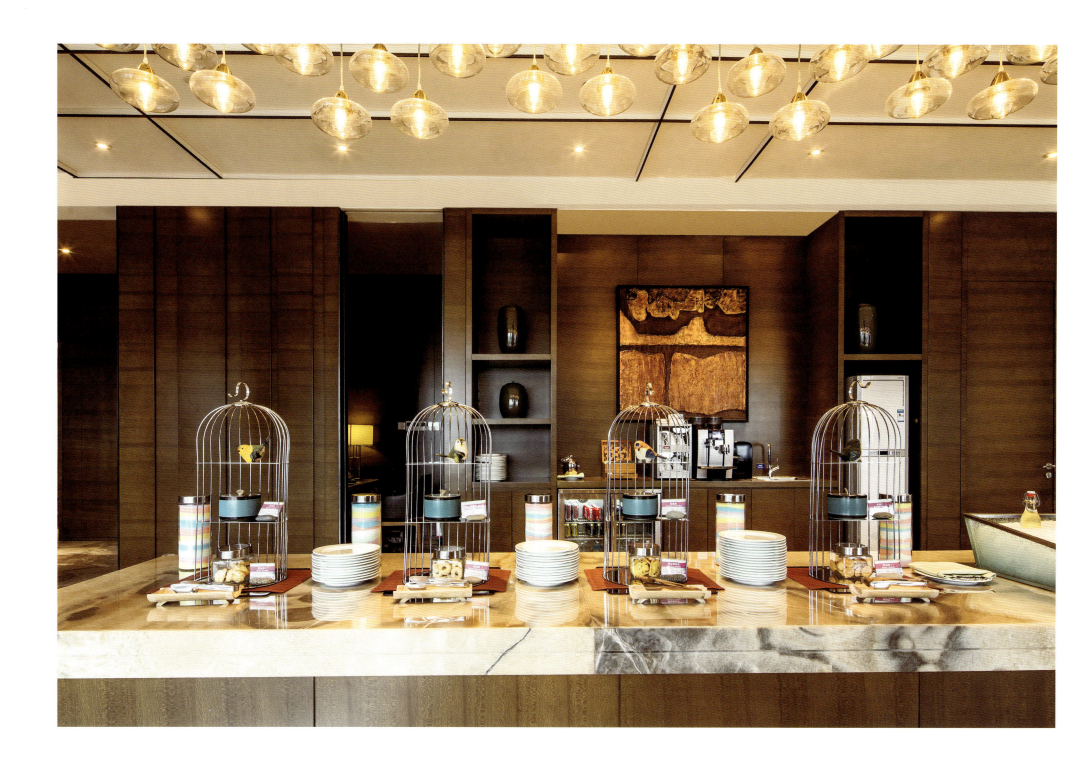

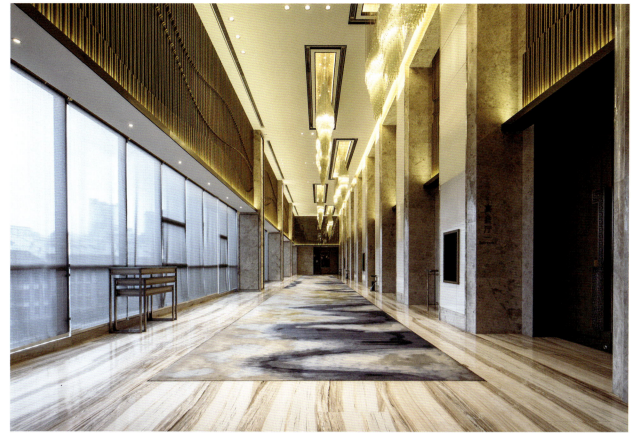

	2	1. 宴会厅
1	---	2. 宴会前厅
	3	3. 宴会前厅

1. 健身房
2. 屋顶花园景观长廊

宜宾皇冠假日酒店的地缘文化特征蜀山长江古城是设计的灵感依据，山的宏大、水的灵动是山水之城宜宾的城市名片，宝石是皇冠的精粹所在，代表了酒店高端的品质——"金沙江畔耀眼的宝石"是设计的主题。景观设计围绕着这个文化主题展开，运用艺术的手法抽象出山水石的独特肌理元素，反复推敲比例和细节，遵循现代主义优美简练的构成准则，紧扣山水石的文化主题，赋予整个设计与众不同的风貌。在功能空间尺度设计上从使用者角度出发，动静结合，开合有度，藏露得宜，追求属于酒店最佳的尺度和最舒适的体验感。

客房部分通过淡雅、明快的色调与中西合璧的家具组合，向客人传递家一样的温馨、舒适感。利用中深色的木色和暖褐色的壁纸配以华丽的灯饰，洗练的造型语言和素雅、纯净的面饰材料，衬托出总统套房的高雅与华贵。高品位的家具、灯具及艺术品陈设，结合立体感与节奏感，烘托出高雅的文化氛围，使得此套房的艺术氛围有着与其他套房不同的独特韵味。对餐厅、宴会厅、高档会议中心及康体设施在功能安排及装饰处理上，也打造出了各自特色。

| 1 | 2 |

1. 总统套房
2. 总统套房

	2	1. 套房
1		2. 套房
	3	3. 套房

1. 套房
2. 套房
3. 套房
4. 套房
5. 总统套房

1	2	5
3	4	

济南希尔顿酒店

用地面积	10520m²
建筑面积	79900m²
设计时间	2010 年
开业时间	2016 年 9 月
建筑设计	美国 Callison
室内设计	美国 Wilson
景观设计	美国 AECOM

———

济南希尔顿酒店位于领秀城商业综合体 40 层塔楼
之中。酒店包括 316 间酒店客房及 104 间公寓住
房，四个独具设计品位、满足独特的文化美食及餐
饮习惯的餐厅："御玺"中餐厅、"开"全日餐厅、
"View"特色餐厅、"济·大堂吧"。酒店同时包括
一个健身楼层，包括宽阔的室内泳池和设备齐全、
带桑拿和蒸汽房的健身房。一个壮丽的大宴会厅可
轻松容纳 600 位客人，天花高达 12 米。许多其他
设施与希尔顿世界级标准完全匹配，从露台花园
到 10 间会议室，每个空间都能举办多种活动，满
足实际功能需求。酒店室内设计获得地产设计大奖
2016～2017（中国区）优秀奖、亚太房地产大奖
（Asia Pacific PropertyAwards）2017～2018 中
国区最佳室内酒店设计五星金奖、亚太地区室内酒
店设计提名奖等多项大奖。

———

景观

酒店景观设计展现领秀城核心区域的活力与自然生态气质，主要节点包括地面主要出入空间以及精品露台。酒店入口隐于层次丰富的绿化之间，抵达氛围简洁大气；大堂对景以近 25 米展开的叠水立面呈现灵动特色，并且不同功能的将抵达空间整合为一，倒映层叠的绿荫美景，别具山水意境。夜景序列照明衬托建筑大堂灯光，别具宁静雅致风貌。酒店二层露台作为延伸的开放空间，专属打造了具有独特艺术性的户外休憩、餐饮及弹性使用景观。利用灌木围合及垂直绿化、铺装设计提升了场地整体的几何效果及使用体验，中央平台可作婚庆及节日活动场地，周边则设置了专属的室外派对客厅，提供小型私人聚会。在满足塔楼视觉景观的同时也完善了功能要求。

1	2

1. 建筑外观
2. 建筑外观

建筑

建筑设计灵感来源于一系列对立统一的概念，鲁能济南领秀城商业综合体的体量是一个沿西北边界外凸的弧。邻省道103和二环南路一侧定义了领秀城对外的"城"的形象。弧的内侧围合了商业主入口和前面的半月形广场，是经典的"城"围合和保护了"市"。西北外立面的设计突出"城"的概念，裙房大量采用了当地特色的石材，塔楼在弧面的处理尽量和裙房的弧面连成整体。

室内

室内由美国威尔逊公司设计。主创设计师是 Aldwin Ong 先生。受济南名泉的影响，室内设计以雅致的方式展现了水形态的流动性和线形触感。对当地独特的建筑和文化中的传统元素进行分解，并重新整合到整体性的城市空间。现代定制家具、标志性艺术品选型和可触的细部及饰面层次进一步增加了酒店设计的风采。

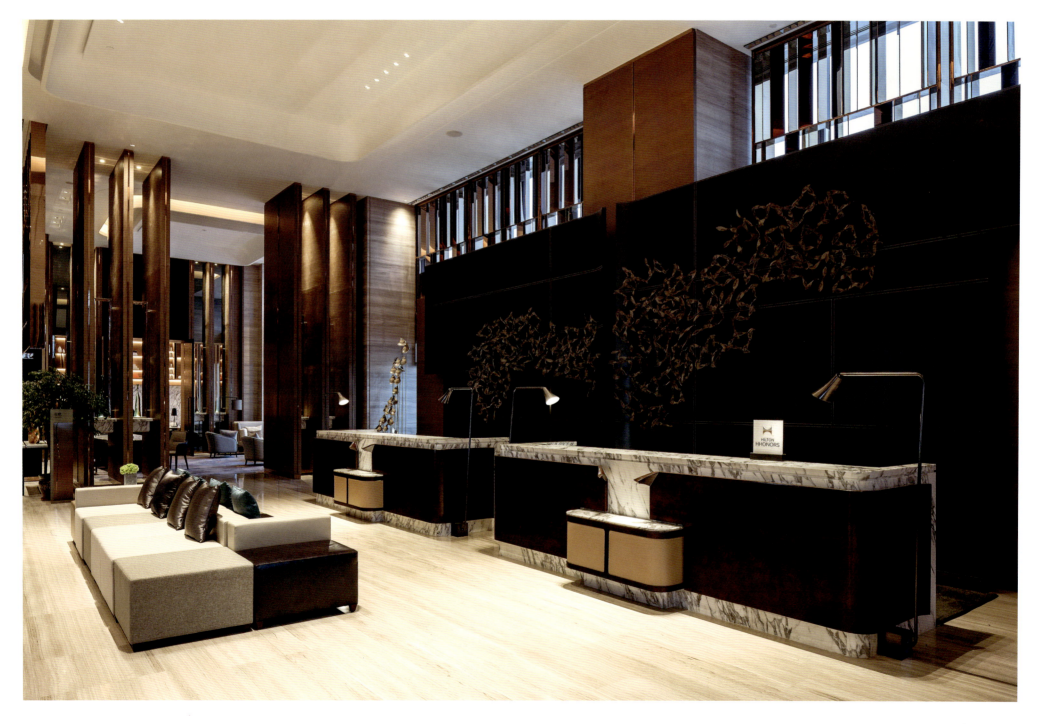

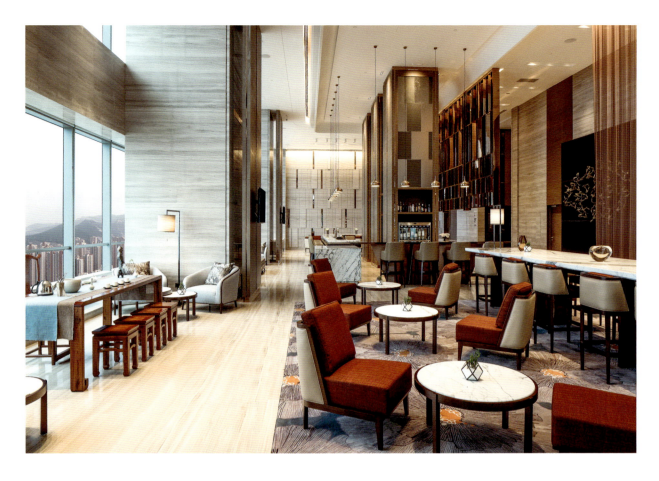

1	3
2	

1. 大堂吧
2. 中餐厅走廊
3. 书吧

"这个项目的挑战是整体性地将我们的愿景与 Blueplates 工作室的独特餐厅区域、Arte 的迷人艺术装置及华建集团的建筑细节相融合,"该项目的设计总监 Aldwin Ong 说道,"通过以真正协作的合作伙伴关系进行极其紧密的合作,并且直到项目结束都严格把控每个细节,最终成功地打造出一个整体性的产品。"

1	2

1. 特色餐厅
2. 全日餐厅

1		3
2		

1. 中餐包房
2. 行政酒廊
3. 中餐大包房

紧邻会议室的走道和茶歇区域可巧妙地根据要求与开阔的功能性走廊融为一体。位于首层大堂和会议室之间的盘旋式楼梯，瀑布式泪滴形玻璃吊灯，都容纳于金属顶棚内，模糊了两个区域之间的界限，通向前厅区域。前厅区域布置了引人入胜的悬挂屏风和悬挂玻璃雕塑阵列。

设计团队富有创造力的同时关注实用性，确保将高效的客人服务融入空间规划中，从维护和客房服务到酒店中的导览。主创设计师 Aldwin Ong 及他的设计团队创造了具有大胆尺度感的建筑语言，并在漂亮的设计中打造无懈可击的质量和独具特色的优雅。室内建筑以壮丽的柔和曲线及对细节的关注为特色，它通过家具和艺术品的搭配，与柜台及标志性家具形成统一整体、制作精美的效果，一切都在整体上为每个角落注入聚焦点。

1	2

1. 泳池
2. 健身房

1. 套房
2. 套房
3. 套房

济南鲁能希尔顿酒店包括 316 间酒店客房及 104 间公寓住房。威尔逊的设计师赋
予了每个房型空间开阔、温馨舒适、永不过时的设计，同时忠于他们的设计要求，
绝不在人体工程学及客人的现代生活方式上有所妥协。

1	2	1. 大床房
		2. 总统套房

1		
		3
2		

1. 总统套房
2. 总统套房
3. 总统套房

| 1 | 2 |

1. 公寓客户
2. 公寓客户

济南贵和洲际酒店

用地面积	13300m^2
建筑面积	83800m^2
设计时间	2010 年
开业时间	2017 年 4 月品牌升级
建筑设计	美国 Callison、荷兰 NEXT
室内设计	美国 HBA、酒店 BLD
景观设计	美国 EDSA

济南贵和洲际酒店位于济南市天地坛街西侧、黑虎泉西路北侧、泉城路南侧。1 期为改造项目，建设用地为商业金融用地，2 期是在现有贵和 1 期（购物中心及皇冠假日酒店）基础上进行的改扩建项目。

建筑

建筑的设计目标在于创造出富有活力且具有标志性作用的现代建筑，同时要与已有的欧式建筑相结合，在保证其风格相对独立的同时，又体现为一个有机的组合体。在方案深化过程中，设计师对其原有的欧式建筑进行改造，使本方案设计成为一个整体的现代风格商业设计。本次设计采用大面积的造型石材与玻璃窗相结合的形式，使整体设计前卫而又高贵，厚重且不失活泼。

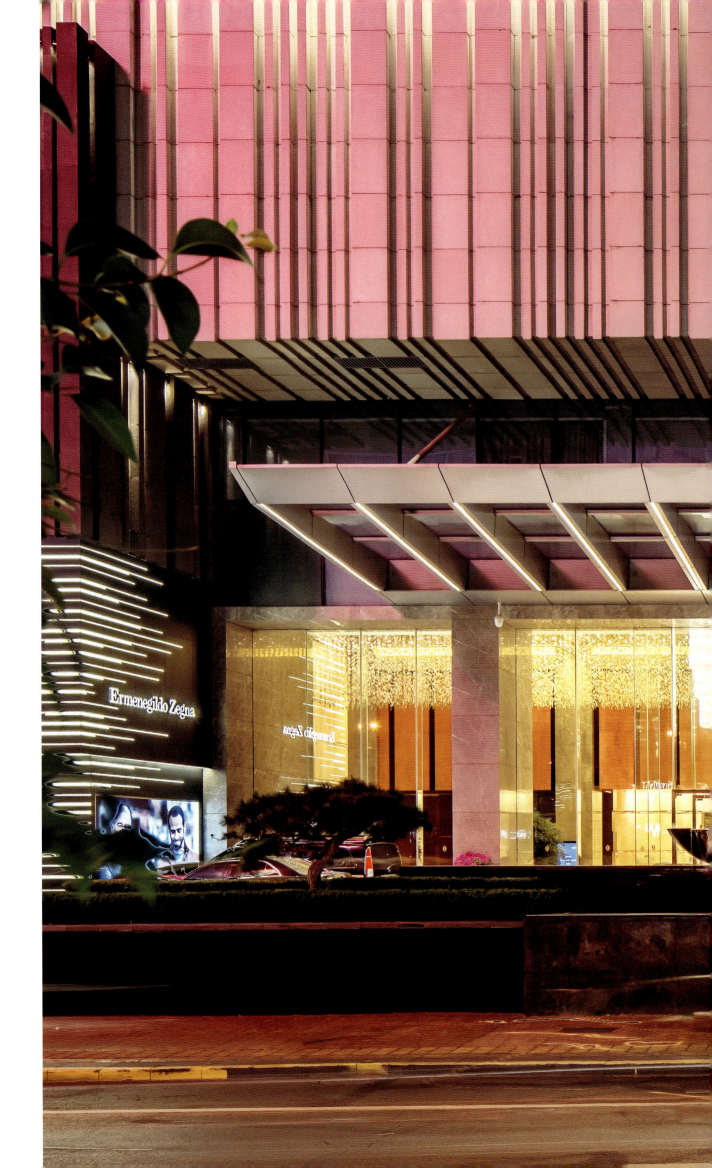

室内

酒店一层为入口大堂，面积约 630m²，净高 8m，接待大堂位于七层，大堂挑高约 20m，八层拥有与大堂连接的空中花园，层高约 15m，并采用可自动开启的玻璃天窗。酒店主要有宴会厅、会议室、中餐厅、茶室、泳池、SPA、健身房、行政酒廊、总统套房、大使套房、各类客房等功能。

1	2

1. 大堂
2. 大堂吧

济南贵和广场项目是高密度和复合型功能为主要特征的综合体项目，包括改造和扩建两部分，建成后总建筑面积达到原有面积的一倍。功能上，前两层整合了高端零售品牌，三到六层为其他零售业态，顶层为洲际酒店的外延部分。主体建筑体量为185m×65m×55m，考虑到建筑紧邻红线，形体变化的空间有限。设计的主要挑战是如何平衡功能和处理原建筑立面，创造新的立面语汇同时还需要考虑建筑作为一个整体的和谐性。同时，根据路易威登 (Louis Vuitton) 的要求，必须突出该品牌第一家济南旗舰店在泉城广场的重要性。为了实现这一目标，立面设计概念上使用了"魔盒"的理念。

	2	1. 全日餐厅
1		2. 宴会前厅
	3	3. 宴会厅

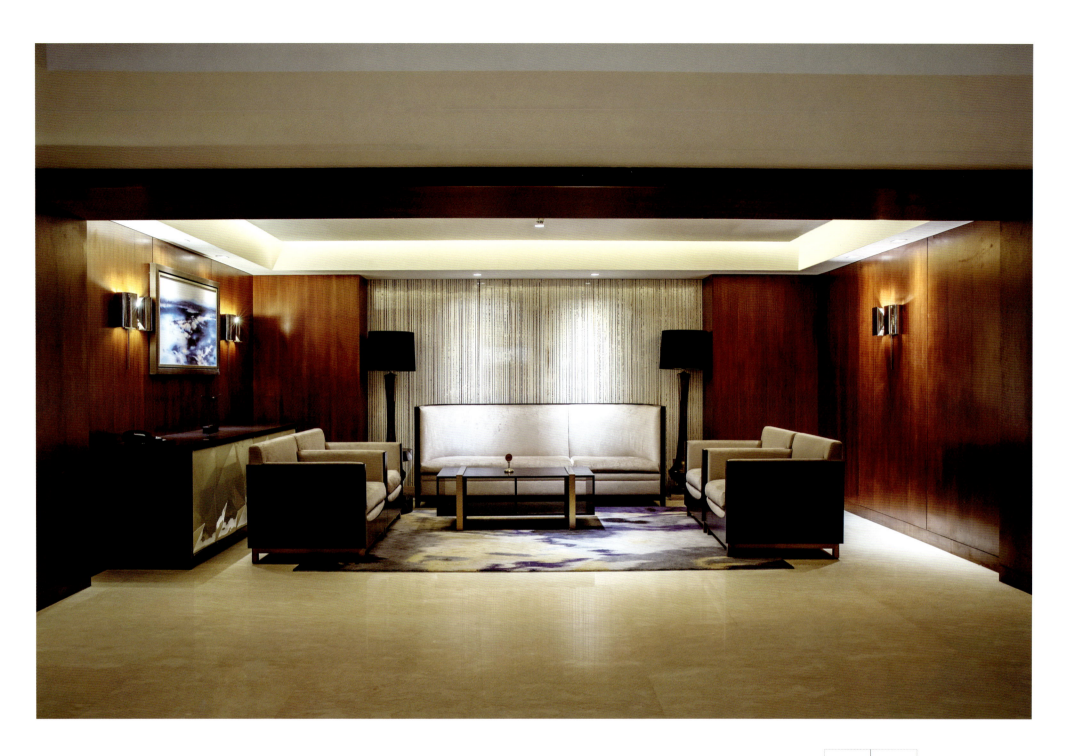

1	2

1. 客房层休息区
2. SPA 包房

| 1 | | 3 |
| 2 | | |

1. 套房
2. 套房
3. 总统套房

1. 总统套房
2. 套房

	2	3
1	4	5

1. 总统套房
2. 套房
3. 总统套房
4. 总统套房
5. 总统套房

文安希尔顿酒店

用地面积	99108m²
建筑面积	79287m²
设计时间	2014 年
开业时间	2017 年 3 月
建筑设计	美国 SBA
室内设计	美国 BHD
景观设计	美国 AECOM

文安希尔顿酒店位于鲁能·领秀庄园酒店岛内，包含酒店主体建筑与 SPA 岛、船屋、泳池屋等配套设施。酒店建筑位于酒店岛中心，四面环水，通过景观桥与 SPA 岛以及环湖主道路相连，并通过游船码头与全区水上交通相接。进入酒店的通行道路和景观空间序列清晰，尺度宜人。邻近建筑的景观空间形式规整、对称，以配合建筑体量和外观特点，主要由前区——抵达区、活动健身区、婚庆草坪，后区——主花园、漫游花园、码头，以及东侧的 SPA 岛景观组成。抵达区与酒店主入口相接，在满足主要交通功能的同时，与前区大草坪在轴线上打造酒店的正面景深。婚礼草坪内设置水景、阳光草坪，为婚庆的主要活动空间。后区台地主花园内设置台地花园、多功能草坪和休闲座椅区，漫步花园景观以花冠乔木形成疏林草地，体现了自然与休闲氛围。SPA 岛建筑为日式木屋，庭院景观打造出精致、枯山水的园林意境。

景观

酒店岛以强调空间带状景观节点设计为原则，形成主环路景观轴和组团景观点交错的景观展示效果，有效地利用空间景观资源。在景观环境的营造上，以建筑、绿化景观的结合做到动静结合，开张有序，塑造独具特色的绿色生态建筑环境。

设计充分利用中部较高，四周底的地形优势，在北湖主景观视线轴上结合建筑，合理布置景观游线与景观庭院；在酒店主要交通流线上合理搭配景观植物，塑造田园、休闲的度假景观气氛，让人无时无刻感受到自然、安逸、健康、休闲的生活气息。

1	2	1. 建筑外观
		2. 建筑外观

建筑

秉承崇尚自然、脱离尘嚣的整体开发概念，酒店建筑采用朴实自然同时严谨的英式猎庄风格。以大地色调和石材为基础，以重木结构和石板瓦的坡屋面为设计焦点形成主要建筑语汇。大尺度的空间与重木构件营造了与都市空间体验上的强烈对比。重木结构的建筑细部延伸到阳台的出挑，为五层高的建筑体量增加了丰富的层次感。环绕着酒店底层基座的是一连串表现重木结构的外廊，提供底层餐饮服务空间与室外景观连接的半室外空间。酒店客房主体建筑呈翼型向南展开布局，充分地利用到南面辽阔的湖景与充足的阳光。主体建筑以 30° 和 60° 角的转折分成多段，将所有客房的景观视野最大化。

室内

酒店内装设计概念取材于赞赏当地度假村的蓬勃发展。目的是创造一个新的轻松、优雅、舒适的游客体验度假村文化。Brayton Hughes 设计工作室采用天然石材，金属和树林等材料，以及不同饰面质感的拼接，为客人创造出一个新鲜的触觉体验。黑金属和钉头是取材于葡萄酒桶的材料。淡色调色系的织物零感来自葡萄园中葡萄叶和葡萄，以及灰白石头的暖色调。室内家具和建筑节点的线条为点缀，简洁线条的组合，源于自然材料和质感，有助于创造出一种轻松优雅难忘的客串体验，体现新的中国度假村和酒文化。

<table>
<tr><td rowspan="2">1</td><td>2</td><td>3</td></tr>
<tr><td>4</td><td>5</td></tr>
</table>

1. 红酒雪茄吧
2. 中餐厅包房门厅
3. 卫生间
4. 卫生间
5. 卫生间

| 1 | 2 |

1. 中餐厅
2. 中餐厅包房

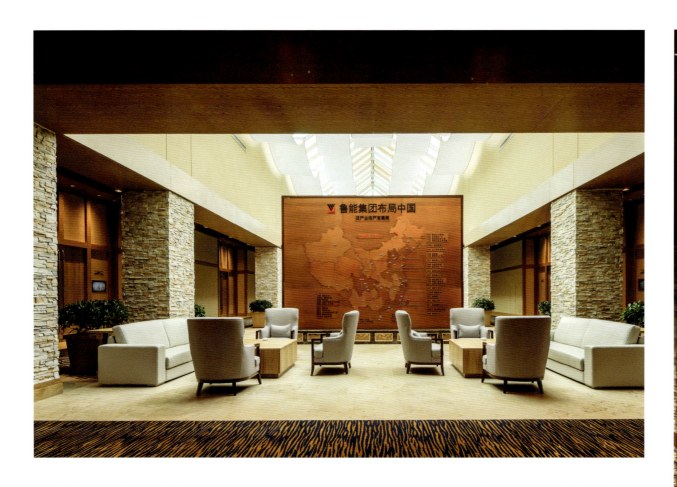

1	3
2	

1. 会议中庭
2. 贵宾室
3. 宴会前厅

1. 会议区走廊
2. 豪华套房

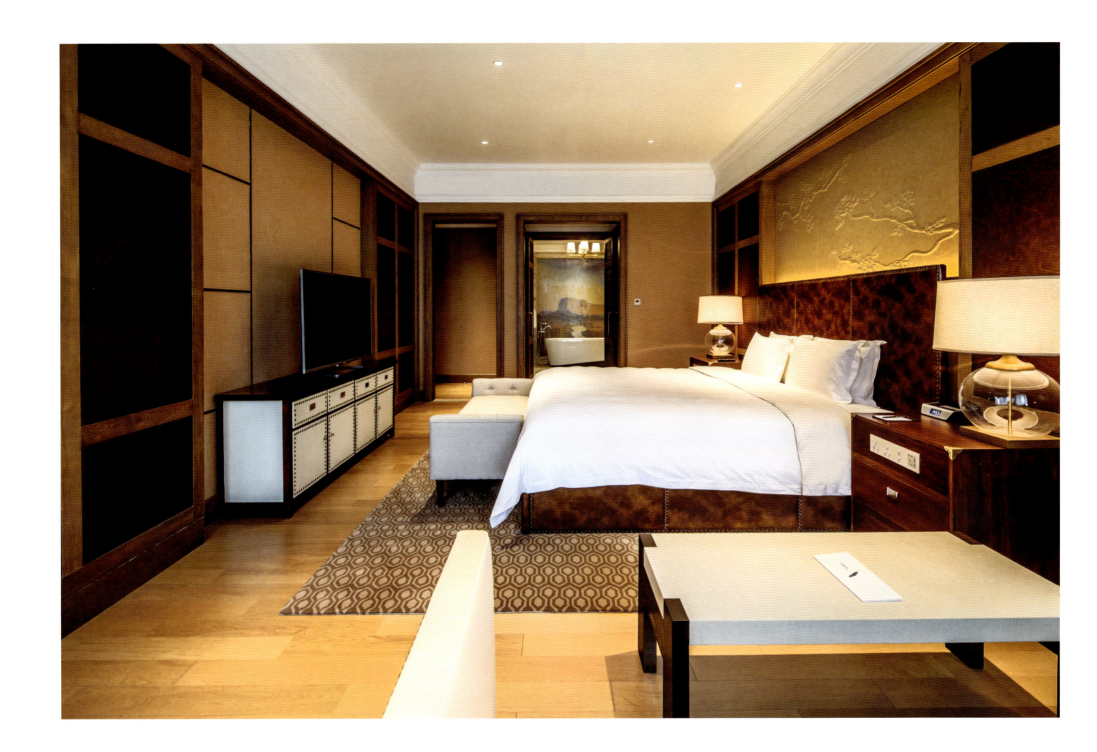

1. 套房
2. 标准房
3. 套房

1	2	3
	4	5

1. 套房
2. 标准房
3. 套房
4. 套房
5. 套房

1	2

1. 标准房
2. 套房

九寨希尔顿酒店

用地面积	83255m²
建筑面积	59977m²
设计时间	2014 年
开业时间	2017 年 4 月
建筑设计	中国建筑西南设计研究院
室内设计	成都慢城酒店设计
景观设计	美国 AECOM

———

九寨希尔顿酒店位于四川省阿坝藏族羌族自治州东北部，东、北部与甘肃省文县、舟曲县、迭部县毗邻，西南部同四川省若尔盖县、松潘县、平武县接邻。项目所在地的中查村位于九寨沟县的漳扎镇，沟口处于九寨天堂和九寨风景区之间，距离九寨天堂大酒店 7km，距离九寨沟风景区 8 公里。中查沟长约 10km，宽约 3.5km。沟口海拔高度为 2189m，山顶 4000m。

———

景观

白水河从村前潺潺流过，村后被风吹起的彩林沙沙作响，远山的积雪银光闪耀，山谷之中，湖泊之隅，九寨希尔顿酒店希望营造的景观正是这一幅"山居岁月图"。希尔顿的景观设计理念主要围绕低调、静谧、自然、本土、精致、禅意，旨在为宾客营造远离城市喧嚣，把心放下的体验。

宾客选择在希尔顿酒店住下，等于在山林间做一次身心水疗，同时也体验景观的内敛与收放，精致与粗犷，景观渗透于建筑，身心沐浴于景观，在自然与心灵之间寻找平衡。

| 1 | 2 |

1. 建筑外观
2. 落客区

建筑

酒店外立面朴实，与山地融为一体。错落的建筑跌落，分散布置酒店客房，增加坡地居住体验。当地村落与自然的和谐共处，顺应山地地形。紧落形态更容易创造人的身心放松，使人感受自然，得到悠然自得的度假体验。简约现代的在地村落，有利于满足人们对于酒店"高端"的体验感受。和而不同，让人感觉建筑是生长在这里的，同时又与其他建筑有所不同。体验当地文化，融合现代与自然。诠释"在地"的现代自然主义建筑。

室内

室内设计中充分利用地方文化精髓，发展"地域特色"的思想。大堂的礼遇、自在、浪漫；全日餐的画廊、艺术、清新；商业街区的邂逅、热闹、熟悉；行政酒廊的尊贵、惬意、精致；特色餐的热情、舒畅、异域；团队、散客房的惬意、慵懒以及家庭、行政套房的奢华等。使宾客沉浸在一个洋溢着地区特色与文化气息的氛围中，使宾客能时刻意识到他们身居何处，为何而来，并且感到不枉此行。

当宾客在进入酒店大堂之前，先进入一条云杉林围绕的蜿蜒沥青道，进而抵达一道道景墙围合的庭院，穿过酒店走廊，走进大堂，视线再次打开，一大片彩林在"小九寨"跌水池及自然湖体中呈现的彩色倒影仿佛又见"五彩池"，与远处的雪山呈现完美"天人合一"。夜晚，隐藏在湿地与水景之上的栈道两旁，零星散落的泛光灯与星空遥相辉映，熠熠生辉。

1	2

1. 大堂接待区
2. 商业街

酒店的特色餐厅位于酒店的制高点，特色餐厅的室外平台是全区观赏中查沟山谷及北沟雪山的绝佳位置。酒店内错落分布在山坡上的别墅，景观视线各有不同，山景、湖景、雪景满足不同宾客需求。

| 1 | 2 |

1. 象雄餐厅
2. 大堂吧

酒店的地面铺装及墙体多采用当地石材，从村民居住的寨子中提取元素，转换成现代语汇，低调质朴却不失精致。在植栽方面，景观也遵循本地植物区系，选择体现本地自然风光的植物品种，将九寨的彩林特色浓缩至希尔顿酒店景观之中。

	2	1. 全日餐厅
1		2. 全日餐厅
	3	3. 中餐厅

1. 宴会前厅
2. 宴会厅

室内设计中充分利用地方文化精髓，发展"地域特色"的思想。大堂的礼遇、自在、浪漫，全日餐厅的画廊、艺术感、清新，商业街区的邂逅、热闹、熟悉，行政酒廊的尊贵、惬意、精致，特色餐厅的热情、舒畅、异域；团队、散客房的惬意、慵懒以及家庭、行政套房的奢华等，使宾客沉浸在一个洋溢着地域特色与文化气息的氛围中，能时刻使宾客意识到他们身居何处，为何而来，并且感到不枉此行。

1. 多功能厅
2. 格下厅

1. 健康房
2. 家庭娱乐室
3. 儿童活动中心

行政客房区强调自然体验，减少建筑密度，运用生态的建筑细节强调人的认知。通过庭院与山地结合，使客房最大化与自然零距离接触，回归自然的体验。

1	2

1. 总统套房
2. 总统套房

高山公区物生多相，建筑如众生相，各有特色，各有所属，在场地的至高处，体验
自然与场所精神。

家庭别墅独有的室外露台设有景观休憩沙发，围在暖炉边，即可尽享山间美景，增添宾客的尊贵感。

精团队客房区顺应山地地形依山而建，错落的形体，通过层层叠叠的木构架悬挑处理，营造如同村寨般的体验。

| 1 | 2 |

1. 标准房
2. 大床房

杭州千岛湖酒店

用地面积	34986m^2
建筑面积	41885m^2
设计时间	2016 年
开业时间	2017 年 9 月
建筑设计	中国美术学院风景建筑设计研究院
室内设计	深圳 ATG 亚泰
景观设计	美国 DW

———

杭州千岛湖酒店，位于风景如画、环境迷人的千岛湖畔，于 2016 年进行改建扩建。改造后酒店拥有四栋主楼客房区和一栋副楼会议中心。

———

景观

四面环水的岛式景观项目，具有千岛湖风景秀美的外环境先天优势，40% 以上的绿化率及原始的山坡林地保证了酒店有一定体量的绿化覆盖。酒店从入口开始全程设置人行道，基本人车分流。在设计风格上偏向简洁的中式风，创造一个宁静自然的景观环境。在色彩上整体运用灰色调，一方面呼应中式风格，另一方面的把住客的吸引力更多引向湖景；在材料选择上，用芝麻灰和芝麻黑等石材，打造既节省造价，又简单易维护的景观。

1	2

1. 建筑外观
2. 建筑外观

建筑

主楼客房区面积约为 16500 平方米，客房约 265 间，包含了标准间、套间、豪华套房及总统套房等各类房型。在主楼的地下一层还拥有一间 1140 平米的全日式餐厅。会议中心为两层建筑，建筑面积约为 13000 平方米，拥有大小会议室 5 间，一个可同时容纳 600 人的会议会展中心及一个拥有 50 桌的宴会厅。地下一层为停车库及后勤用房区域，拥有机动车停车位 76 个。

室内

千岛湖阳光大酒店定位于新中式精品滨水度假酒店，酒店大堂设计风格延续建筑主体完整中式的造型语言及风格，结合现代科技感的手法，而设计主题定位于现代感的度假式酒店，同时能满足高档酒店的各种功能配套，客房设计没有任何"酒店感"的标准化模式。布局和空间组织基于中式外建筑和现代手法的结合特点，注重空间的延伸、渗透与分隔。酒店艺术品则兼顾当地地域性的传神之感。

1	2

1. 大堂
2. 大堂接待区

该酒店有着光辉的历史和无可比拟的接待优势，有着得天独厚的湖边景观和自然环境，曾接待过国家领导人的光荣历史更是千岛湖其他酒店所不具备的。室内设计上将中国古代江南园林重新提炼，运用现代设计手法进行诠释。致力于打造独享山水"隐、雅、朴、静"的意境。

1	2

1. 大堂吧
2. 全日餐厅

餐饮空间设有白色橡木货架，以及展示手工陶器、茶叶、玻璃茶草罐，陶瓷板和碗的架子。白橡木木餐椅，米色的布料和天然色与灰色内部装饰，结合定制设计的盒形厢座令人目不暇接。

1. 书吧
2. 全日餐厅
3. 全日餐厅

千岛湖阳光大酒店
SUN RESORT QIANDAOHU

1	2	3

1. 宴会厅
2. 宴会厅
3. 贵宾室

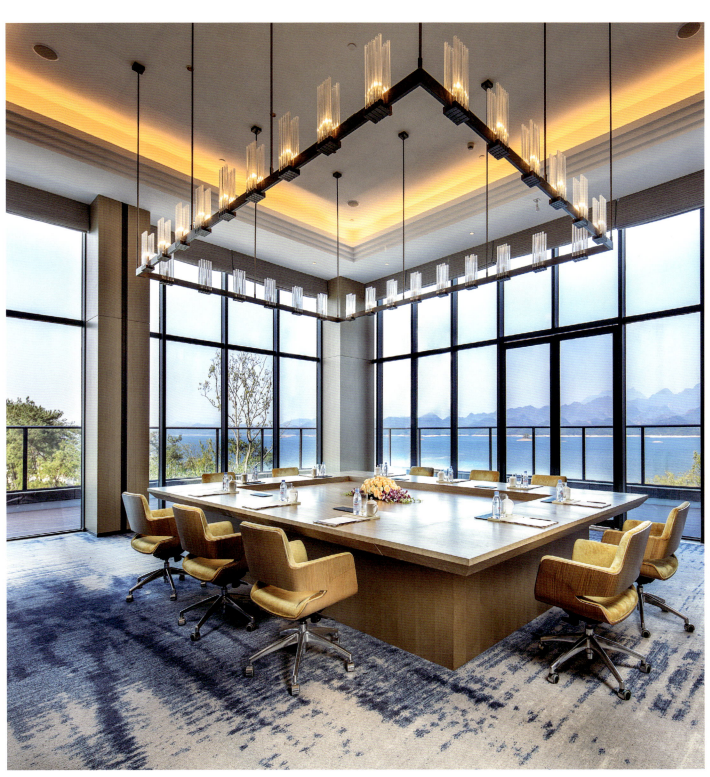

	2
1	3

1. 套房
2. 套房
3. 套房

1. 标准房
2. 标准房

客房布局一展新式奢华，让所有的宾客均能欣赏迷人湖景。还配备亲子房型，非常适合一家人选择。而装潢现代，设计独特的标准湖景房更是情侣的理想选择。标准大床湖景房还设置了一个独立浴缸，特色鲜明，别具一格。室内整体布局精巧，方便宾客尽享四周的自然风光。

1	2

1. 大床房
2. 套房

大连温泉酒店

用地面积	83000m²
建筑面积	35000m²
设计时间	2009 年
开业时间	2017 年 3 月
建筑设计	美国 HZS
室内设计	深圳曾宪明室内设计
景观设计	重庆箱根温泉投资顾问

大连鲁能易汤海洋温泉酒店为一家由鲁能集团投资，重庆易汤酒店管理公司经营管理，以海洋温泉文化为主题，参照国家五星级温泉酒店标准打造的四季运营的海洋主题温泉。酒店由主题豪华度假酒店区——易汤东方、精品酒店——易汤小泊、温泉中心——易汤温泉、海洋疗法中心、四大区域构成。以海洋温泉的良好功效为支撑，引入国际先进的海洋疗法技术，面向健康群体和亚健康群体，打造集水中运动、水疗按摩、游泳、温泉浴疗、健体康复等功能于一体的健康增进型海洋疗法中心。

景观

温泉体验景观方案旨在为顾客提供新亚洲海洋度假风情的温泉体验，营造自然。温馨。轻松的场景。以"梅、林、溪、院"四大古典园林构成要素为设计模块，将室外布局合理安排，划分为前场形象展示区、金石易汤主题泡池区、海洋主题温泉区、聚点温泉区、西客房酒店区、精品酒店。

	2
1	
	3

1. 建筑外观
2. 建筑外观
3. 建筑外观

室内

室内方案与大连当地文化相结合，以"海洋温泉"为主题，沙滩、海鸥、礁石为出发点提取元素进行设计。蔚蓝的海水中形态各异，品种繁多的海洋生物使大海显得更加生机勃勃，从它们的形态，颜色以及特有的一些造型元素提取至方案设计中，呼应海洋想象这一主题。温泉中心，想要让来这里的人们感受到海洋的感觉，无论是泡温泉、做 SPA 还是娱乐、用餐、居住，都能无时无刻地感受具有海洋气息的度假时光。

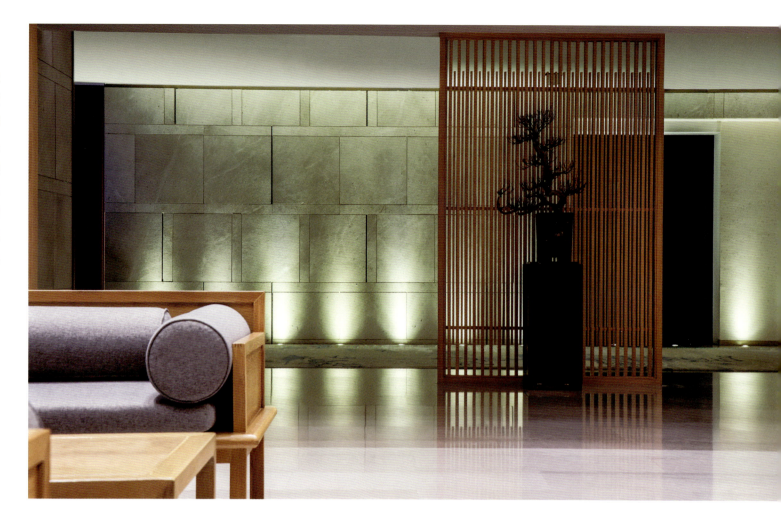

1	3
2	

1. 大堂
2. 大堂
3. 大堂

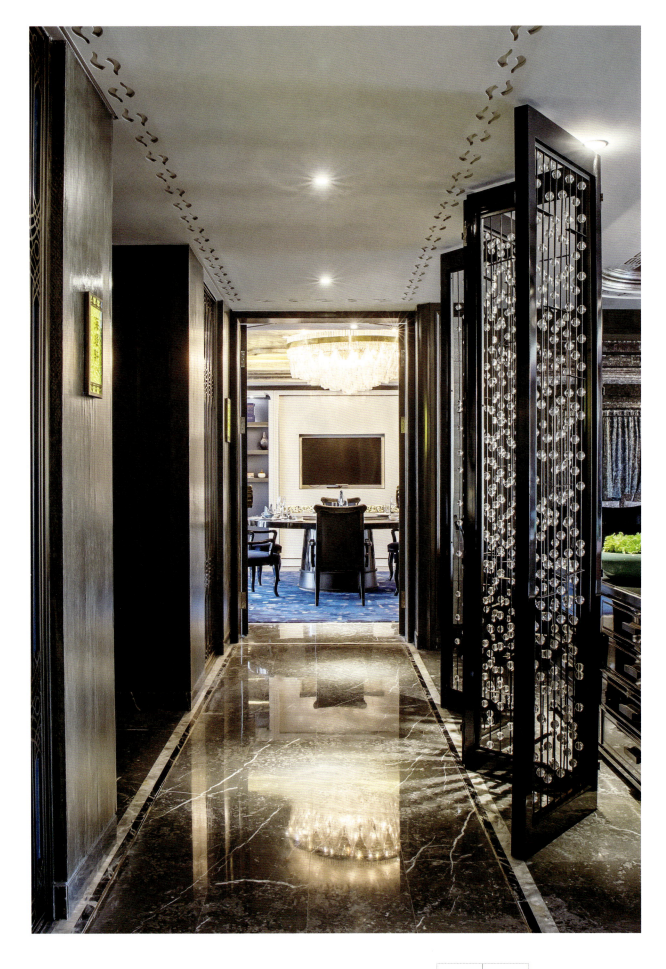

| 1 | 2 |

1. 别墅餐厅
2. 温泉中心大堂

1. 全日餐厅
2. 全日餐厅

1. 茶室
2. 茶室
3. 茶室

1	2

1. 会议室
2. KTV 大包厢

1		3
2		

1. 温泉中心接待区
2. 儿童水上乐园
3. 泳池

	2	3
1	4	5

1. 前景房入口
2. SPA 走廊
3. 能量房区走廊
4. SPA
5. 能量房

1		3
2		

1. 茶吧
2. 茶吧
3. 茶吧

1	2

1. 大床房
2. 客房区走廊

1	2	3

1. 大床房
2. 大床房
3. 大床房

1	2

1. 别墅大床房
2. 别墅大床房

	2	1. 别墅套房
1		2. 别墅套房
	3	3. 别墅套房

1	2	3

1. 别墅大床房
2. 别墅大床房
3. 别墅大床房

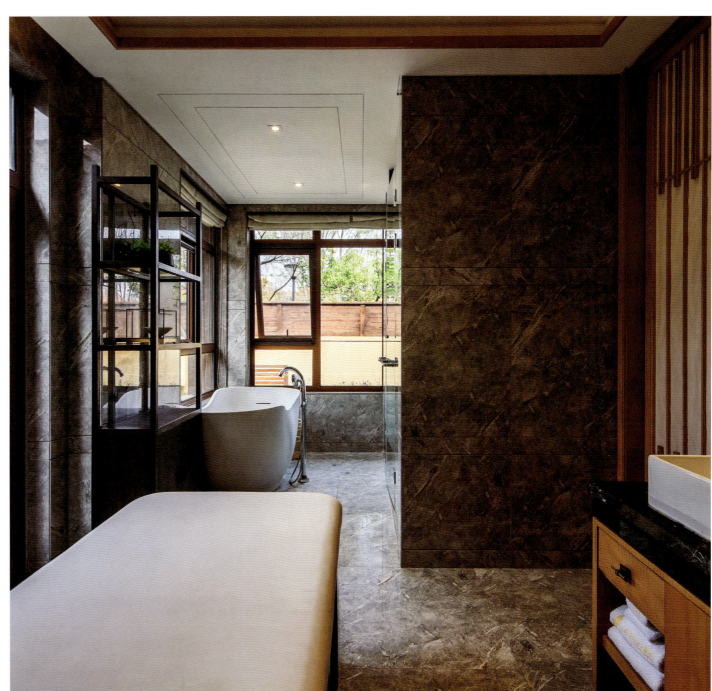

1 | 2

1. 别墅大床房
2. 别墅大床房

上海艾迪逊酒店

上海 JW 万豪酒店

曲阜 JW 万豪酒店

无锡万豪酒店

天津康莱德酒店

九寨丽思卡尔顿酒店

海口华美达广场酒店

大连希尔顿酒店

大连四季酒店

展望未来篇

上海　　曲阜　　无锡　　天津　　九寨　　海口　　大连

上海艾迪逊酒店

上海 JW 万豪酒店

曲阜 JW 万豪酒店

无锡万豪酒店

LOBBY BAR / 大堂 效果图

LUNENG MARRIOTT O
无锡鲁能万豪

天津康莱德酒店

九寨丽思卡尔顿酒店

海口华美达广场酒店

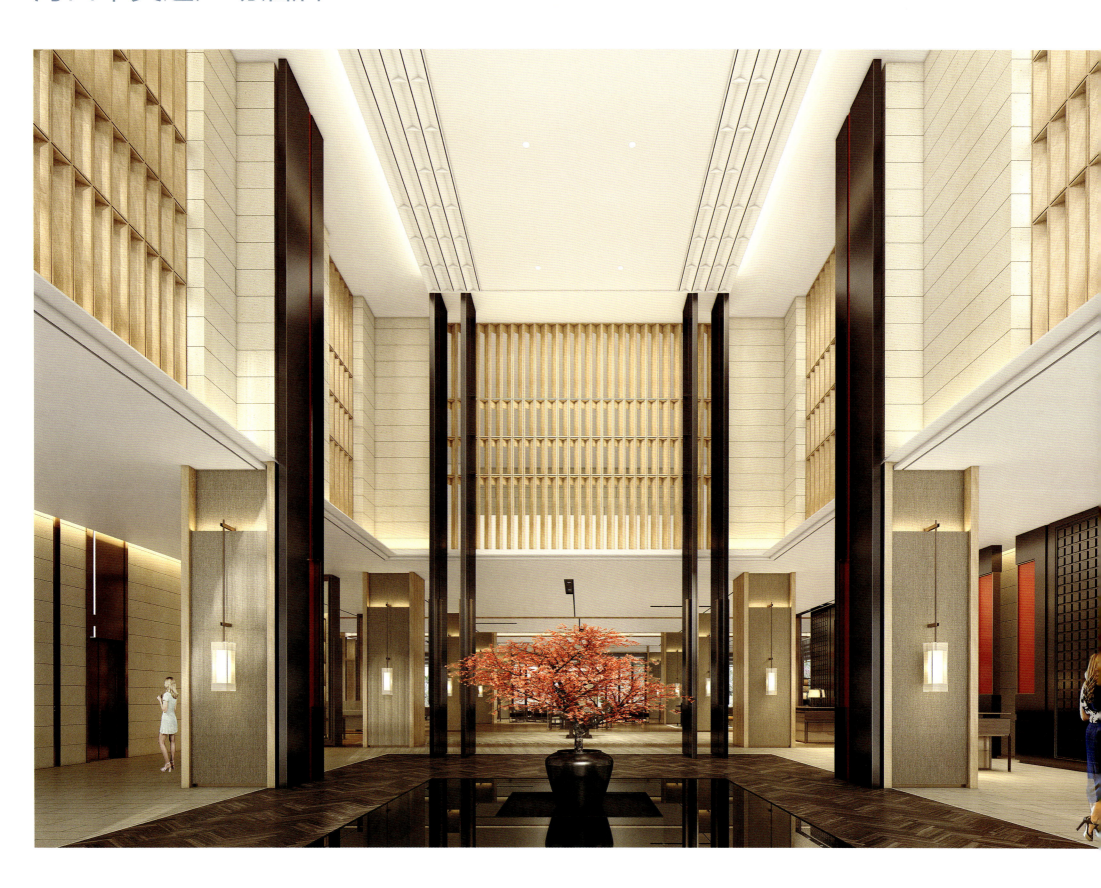

大连希尔顿酒店

大连四季酒店

后记

鲁能集团酒店设计管理工作的核心是品质管理。从本次结集出版的鲁能酒店地产几个典型案例来看，都是集团领导的大力支持、各级设计管理团队辛勤付出的结果。我们认为，酒店作为长期经营的持有型资产，投资规模大，酒店品质与企业品牌的关联度高，这就要求我们，不仅要考虑其投资经济性，同时也要注意企业品牌形象。因此，只有加强品质管理，才能实现酒店的经济效益和社会效益双重目标。

目前，鲁能集团设计研发部重点把控的星级酒店设计项目约为 20 多个，每年竣工运营酒店约 7~8 个。从设计合约规划看，每个酒店项目均需要 20 多个相关专业进行专项设计，一般历时 3~4 年才能完成。不仅如此，从方案设计到施工图设计，从材料封样到样板实施，每个节点都需要进行设计把控，设计管理工作非常繁重，每个项目都凝聚着集团领导、集团设计管理部门和各单位设计管理团队的心血。

鲁能很早建立了酒店设计单位战略联盟库，与鲁能合作的酒店设计单位，无论是建筑、室内、景观等主力专业设计单位，还是灯光、艺术品、标志标识等专项设计单位，抑或是机电、交通、幕墙、声学等专业顾问单位，大多数都是国际上排名靠前的知名设计公司，这些设计单位是鲁能酒店设计品质的先决条件。对于他们高水平的设计，我们一直心怀感激和钦佩之情。

每个酒店品牌的背后都有一个品牌故事，都有自己的标准。品牌酒店管理公司技术团队和我们一起，对每个设计细节进行严格把控，在酒店设计过程中承担着重要的作用，虽然在双方的合作过程中，出现过反复与争执，但是在一致的目标下，双方总是能够达成一致的意见，这保证了鲁能酒店既符合品牌酒店的统一标准，同时也凸显地方区域文化和鲁能企业文化的特质。

感谢参与设计管理的所有技术管理团队，正是在鲁能事业的鞭策鼓舞下，正是大家的"意境匠心"精神，才将鲁能酒店完美的效果展示出来。通过鲁能酒店地产典型案例的结集出版，我们又一次重温了那些让我们倍感辛苦、困惑、激动的历程，我们将继续努力，不断奉献出更加优秀的作品。

鲁能集团设计研发部主任
2017 年 12 月 26 日于北京